图书在版编目（CIP）数据

写在星星上的名字 / 超侠著；小不点儿绘. —北京：现代教育出版社, 2024.1
ISBN 978-7-5106-9489-9

Ⅰ.①写… Ⅱ.①超… ②小… Ⅲ.①天文学 – 儿童读物
Ⅳ.①P1-49

中国国家版本馆CIP数据核字（2023）第255483号

写在星星上的名字

著　者	超　侠
绘　者	小不点儿
出品人	陈　琦
选题策划	王春霞
责任编辑	魏　星　李维杰
装帧设计	赵歆宇
出版发行	现代教育出版社
地　址	北京市东城区鼓楼外大街 26 号荣宝大厦三层
邮　编	100120
电　话	010-64251036（编辑部）010-64256130（发行部）
印　刷	北京盛通印刷股份有限公司
开　本	787 mm × 1092 mm　1/16
印　张	5.25
字　数	80 千字
版　次	2024 年 1 月第 1 版
印　次	2024 年 1 月第 1 次印刷
书　号	ISBN 978-7-5106-9489-9
定　价	69.00 元

写在星星上的名字

超 侠◎著

小不点儿◎绘

现代教育出版社

Modern Education Press

女娲

我是中国上古神话中的创世女神——女娲。

我是福佑社稷人民的正神之一。

你们要好好生活，相亲相爱，繁衍后代，生生不息！

1875年10月18日，
詹姆斯·克雷格·沃森
用望远镜发现了一颗小
行星，其直径为151.1千
米，公转周期为5.15年。

小朋友，
你知道我
是谁吗？

小行星150

这是第150颗被人
类发现的小行星——
女娲星。

用鳌的四条腿支撑天地，使世界恢复正常。

五色石补天，杀死吃人的恶兽，

女娲熔炼

哎呀！天塌了，地陷了，跑也跑不了，怎么办

天塌地陷，恶兽横行，人类四处奔逃，流离失所。

快去找女娲求救！

4

羲和

大家好！
我是羲和。我是"日御"，
也就是为太阳驾车的神。
我每天的工作就是
拉着太阳从东边
出发，在天空中运
行，到了傍晚，让它在
西边落下。

小朋友们，我是太阳的母亲！

羲和是中国上古神话中的太阳女
神，也是制定时历的女神。相传她是
中国最早的天文学家和历法制定者。

她的原始形态来源于上古神话，在时代的变迁中她渐渐从最初的"日母"演变成"日御"，并成为天文史官的代表人物。

传说中，羲和生了十个太阳，后来被后羿射下来九个。

羲和是一颗天琴座的恒星，编号 HD173416，距离地球约 440 光年。

那就是我！

织女星

天琴座

2009 年 1 月，中国科学院国家天文台兴隆观测基地和日本冈山天体物理观测站以视向速度测量的方法，在羲和星旁发现了一颗系外行星 HD173416b。2019 年 12 月，该行星被命名为"望舒"。

光年是天文学上的一种距离单位。1 光年指光在真空中 1 年内走过的路程，约为 94605 亿千米。

羲和星

中国太阳探测科学技术试验卫星"羲和号"，全称太阳Hα光谱探测与双超平台科学技术试验卫星，是我国首颗太阳探测科学技术试验卫星，运行于高度为517千米的太阳同步轨道，主要科学载荷为太阳空间望远镜。

中国首颗太阳探测科学技术试验卫星"羲和号"是以我的名字命名的哟！

"羲和号"主要作用是研究太阳内部的奥秘，比如太阳爆发的动力学过程和物理机制。

"羲和号"名称取"效法羲和驭天马，志在长空牧群星"的意思，象征着中国对太阳探索的缘起与拓展。

羲和号

名称：羲和星，又名织女增五

编号：HD173416

命名时间：2019年12月21日

望舒

由中国天文学家发现的首颗太阳系外行星，编号为HD173416b，2019年被命名为"望舒"。

这个名字听着就很美。

我叫望舒，你也可以叫我明舒、素舒、圆舒。

啊，你是谁？

HD173416b

我的称号也很多，
月御、月妃……

我是中国人发现的
首颗太阳系外行星哟，位
于天琴座(Lyra)，距离地
球约440光年！

在宇宙里，我是一颗行星；在神话中，我是为月亮驾车的女神。

「望舒」一词出自《楚辞·离骚》：

「前望舒使先驱兮，后飞廉使奔属。」

说起登月，我比嫦娥和阿姆斯特朗可早多了！

名称：望舒星
发现时间：2009 年 1 月 10 日
编号：HD173416b
命名时间：2019 年 12 月 21 日

共工

我是 225088 号小行星，名叫共工星，被发现于 2007 年，直径约为 1528 千米，是太阳系柯伊伯带（海王星轨道外存在的以冰雪为主要成分的小行星和彗星带）中体积仅次于冥王星和阅神星的天体，我有一颗卫星。

我就是中国上古神话中的水神共工，你也可以叫我共工氏、康回、孔壬。我的父亲是火神祝融，我们都是炎帝的后裔！

小行星2250

共工发怒啦，撞坏了不周山。
不周山是撑天的巨柱，柱子一断，
天就塌下来了。

你撞啊！

颛顼(zhuān xū)，你
再不让我当天帝，我就
撞山啦！！

女娲，快来补天，
天被共工撞塌了！

不好意思，
过去把天撞塌了，
现在我上天来
守护你们！

共工星自转的周期约为45小时，
绕太阳公转一周是547.84年，欢迎
大家来找我玩！

小行星225088

名称：共工星
发现时间：2007年7月17日
编号：225088

老子

道可道，非恒道也。
名可名，非恒名也。

文王后天八卦图

小行星 1854

小朋友，
你知道我是谁吗？

您是老子！

我叫李耳，字聃，
是春秋末期人，没有人知道
我生于哪年死于何时。
我也被传说是
"太上老君"！

老子是中国古代思想家、哲学家、文学家和史学家，是道家学派创始人，与庄子并称"老庄"。

1977年10月17日，荷兰天文学家和美国天文学家在美国帕洛马山天文台发现了一颗小行星7854，后被命名为"老子星"。

老师

老子的成就主要体现在《老子》一书里。《老子》又名《道德经》《老子五千文》，分为八十一章，全书共计五千字左右。

《老子》和《易经》《论语》被认为是对中国人影响最深远的三部思想著作。

老子最大的成就是以朴素凝练的哲学思想建立一个囊括宇宙万物的理论。

老子认为一切事物都遵循道，也就是规律。"道"能解释宇宙万物的演变。

什么是道？

道生一，一生二，二生三，三生万物。

名称：老子星
发现时间：1977 年 10 月 17 日
编号：7854

孔子

小朋友，你知道孔子是谁吗？

自我介绍一下，我是孔子，生于公元前551年。我其实不姓孔，我姓子，孔是我的氏，我的名字叫丘，字为仲尼。

老师在星星上！

小行星7853

我是春秋时期鲁国陬邑人，也就是今山东省曲阜市人。祖籍是宋国粟邑，也就是今天的河南省夏邑县。

人们都说我是中国古代伟大的思想家、政治家、教育家，当然，我不否认，我是儒家学派创始人，还被奉为"大成至圣先师"。

实在不好意思，哈哈！

相传孔子有三千名弟子，其中有七十二名是孔子的得意门生，被称为七十二贤人。他曾带着弟子周游列国，宣传个人政治主张。

孔子曾聚徒讲学，"杏坛"即传说中孔子讲学的地方。在教育方面，他主张"有教无类""因材施教"等，被后世尊为"万世师表"。

郯子

苌弘

师襄

三人行，必有我师焉

孔子的思想对中国和世界都有深远的影响，他是"世界十大文化名人"之首。

晚年的孔子修订"六经"：《诗》《书》《礼》《乐》《易》《春秋》。孔子去世后，他的弟子和再传弟子将他以及弟子的言行和思想记录下来，编成《论语》。

他的名字也被命名为小行星的名字，永远写在星星上。

那些可是儒家经典哟。

小行星7853

名称：孔子星
发现时间：1973 年 9 月 29 日
编号：7853

甘德

我到底是哪国人？
生于哪天？

这是世界上最古老的星表

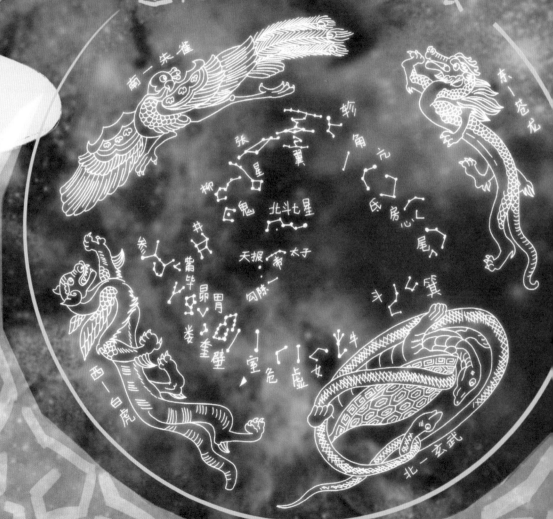

大家好！我是甘德。

甘德，相传是战国时齐国人，也有说是楚国人或鲁国人，大约生活于公元前4世纪中期。

甘德是战国时期著名的天文学家，是世界上最古老星表的编制者和木卫三的最早发现者。著有《天文星占》八卷、《岁星经》等。

我观测到了天上500颗恒星！

我（伽利略）在1610年发现了木星的四颗卫星，你比我早发现木卫三近2000年，你太厉害了！

我在公元前364年就观测到了木星的卫星木卫三（甘尼米德），并绘制在星表上！

哎！可惜后人很少知道！

1973年，马王堆汉墓出土的一部类似星表的文献《五星占》，记录了木星、金星、火星、土星、水星的运行规律。

木卫三

岁星经

这些都是我写的！

天文星占

书中记录了 800 多颗恒星的名字，其中 121 颗恒星的位置已被测定，这是世界上最早的恒星表。

后人把甘德与石申各自写出的天文学著作结合起来，称为《甘石星经》。

《甘石星经》比欧洲第一个恒星表——希腊依巴谷编制的星表早约 200 年。

但是今天，这些著作的内容多已失传，仅有部分文字为唐《开元占经》等典籍所引录，从中可以看出甘德在恒星区划命名、行星观测与研究等方面为后世天文学做出的巨大贡献。

相传甘德测定了宇宙中 500 多颗恒星，但目前还没有一颗以他的名字命名。

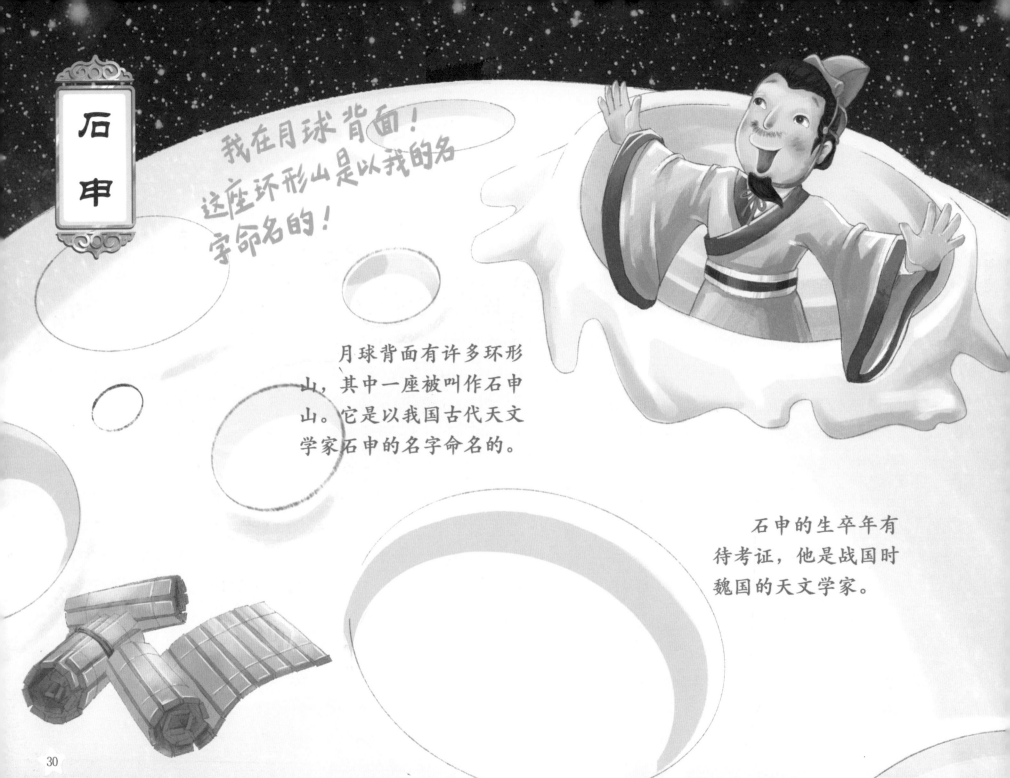

石申

我在月球背面！这座环形山是以我的名字命名的！

月球背面有许多环形山，其中一座被叫作石申山。它是以我国古代天文学家石申的名字命名的。

石申的生卒年有待考证，他是战国时魏国的天文学家。

他曾系统地观察太阳系中金、木、水、火、土五大行星，发现其运行的规律。

他著有《天文》八卷（西汉
以后此书被尊称为《石氏星经》）
等。《天文》八卷与甘德的《天
文星占》八卷，合称《甘石星经》。

这121颗恒星的位置，我都搞清楚啦！

　　石申在天文学方面的贡献，是他与甘德所测定并精密记录下的黄道附近恒星位置及其与北极的距离，绘制了世界上最古老的恒星表，相传他所测定的恒星有138座，共810颗。

从唐代《开元占经》中保存下来的石申著作的部分内容看，其中最重要的是标有"石氏曰"的121颗恒星的赤道坐标位置。

他不但编制了世界上最古老的恒星表，而且在四分历、岁星纪年、行星运动、天象观测和中国古代的占星理论等方面，都做出了重要的贡献。

月球背面最大的环形山，约形成于39.2亿—38.5亿年前。1970年被国际天文学联合会正式命名为"石申环形山"。

落下闳

啊！财神！

不对不对！

谁是落下闳？

我是中国的"春节老人"落下闳(Hóng)。这颗编号16757的小行星就是我的星——"落下闳星"。

我叫落下闳，来自西汉时期。我其实不姓落，而是复姓落下，名闳，字长公，巴郡阆中人，也就是今天的四川阆中人。

我是一名天文学家，《太初历》的主要创制者，"浑天说"创始人之一。我制造了观测星象的浑天仪，后来贾逵、张衡、祖冲之等人的设计，都是在我设计的基础上加以改良的。

小行星16757

现今所用历法错乱太多，
快召集天文学家
进京修历！

这是我们制定的历法。

我来啦！

在《太初历》中，我们以孟春正月为岁首，首次将二十四节气编入历书，这样历法就与春种、夏忙、秋收、冬藏的农事活动合拍啦！

人们将正月初一称为"新年"，民间有了"春节"的说法，我也被尊称为"春节老人"。

这部历法比其他几部都好用呀！马上实施，今年是太初元年，这部历书就叫《太初历》吧。

《太初历》是我国历史上第一部比较完整的历法，比古罗马《儒略历》早了58年。

司马迁

史记

我的名字是司马迁星。司马迁，大家都知道吗？就是那位写《史记》的司马迁啊！

小行星12620

司马迁（约前 145 或前 135—?），字子长，夏阳（今陕西韩城南）人，西汉史学家、文学家、思想家。创作中国第一部纪传体通史《史记》。

你知道哪一颗是司马迁星吗？小行星 12620，又称为司马迁星，是由荷兰天文学家和美国天文学家在 1960 年 9 月 24 日发现的主带小行星，以中国西汉历史学家司马迁的名字命名。

小行星带是太阳系内介于火星和木星轨道之间的小行星密集区域，其中大约有 50 万颗小行星。因拥有太阳系绝大多数小行星，因此这个区域被称为主带。

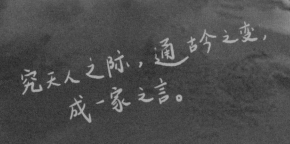

究天人之际，通古今之变，
成一家之言。

　　司马迁不但是一位伟大的史学家，还是一位天文学家，对天文星象、历法都有研究。《史记》中记载了大量有关天文、律历的内容。

那该怎么办？

不用担心，我们重新制定了汉历！一起来过元宵节！

秦《颛顼历》在记历方面太混乱啦！

司马迁、公孙卿、壶遂等人向汉武帝建议"改正朔"（即重新确定一年的正月初一是哪一天）。他还参与制定了《太初历》，将元宵节列为重大节日。

名称：司马迁星
发现时间：1960 年 9 月 24 日
编号：12620

张衡

这是张衡环形山！

那么，张衡是谁？

月球背面

这是张衡星。

小行星1802

42

他在天文方面著有《灵宪》《浑天仪注》等，在数学方面著有《算罔论》，在文学方面有《二京赋》《归田赋》等代表作，又与司马相如、扬雄、班固并称"汉赋四大家"。

张衡（78—139），字平子，河南南阳郡西鄂（今南阳石桥镇）人。他是东汉时期杰出的天文学家、数学家、文学家、地理学家。

自动记里鼓车

哎呀，不好！
地震了！

这浑天仪
太老旧了！我来
改造改造它
吧！

张衡创制了世界上最早利用水力
转动的浑天仪和测定地震方位的候风
地动仪，制造了指南车、自动记里鼓
车和飞行数里的木鸟，是一位伟大的
发明家，被后人誉为"木圣"和"科圣"。

他也是东汉中期"浑天说"的代表人物之一，为中国天文学、机械技术、地震学的发展都做出了杰出的贡献。

国际天文学联合会将月球背面的一座环形山命名为"张衡环形山"，还把太阳系中小行星1802命名为"张衡星"，这是第一颗以中国人名命名的小行星。

有了它，你就不会找不着北啦！

这是指南车。

名称：张衡星
发现时间：1964 年 10 月 9 日
编号：1802
命名时间：1977 年

一行（673 或 683—727），本名张遂，唐代僧人、天文学家。他是巨鹿（今河北巨鹿北）人，一说魏州昌乐（今河南濮阳南乐）人，谥号"大慧禅师"。

他天资聪敏，博览经史，精通历法和天文。

日晷

小僧一行，这颗星叫作"一行星"！

啊，是一行小行星！

一行到底是谁？

不，是一颗小行星！

不，是一位僧人！

他青年时就以学识渊博闻名于长安（今陕西西安），先后在嵩山、天台山、当阳山学习佛教经典和天文数学。

这是《大衍历》能比较准确地反映太阳运行的规律。

他在唐玄宗时期奉命考证前代诸家历法，改订新历《大衍历》。与梁令瓒同制黄道游仪，用以重新测定150余颗恒星的位置。

一行是世界上用科学方法实测地球子午线长度的创始人。

他在实际测量中意识到，在小范围有限的空间里得到的认知，是不能无限向更大的范围和空间推演的，一切都有尺度的标准，这是我国科学思想史上的一大进步。

黄道游仪

为了纪念一行在天文学方面的功绩，人们将太阳系编号为 1972 的小行星命名为"一行星"。

耶！
子午线长度一度之长，被我测算出来啦！

名称：一行星

发现时间：1964 年 11 月 9 日

编号：1972

小行星 110288，被发现于 2001 年 9 月 23 日，为纪念李白而被命名为"李白星"。

李白星！

啊！它竟会写诗！

哈哈哈，因为我就是李白！

小行星 110288

小朋友们，你们知道李白是谁吗？

大家好，我是李白（701—762），字太白，号青莲居士。我的祖籍是陇西成纪（今甘肃静宁西南）。我幼时跟随父亲迁居绵州昌隆（今四川江油）青莲乡。我很浪漫，是浪漫主义诗人。我会剑法，喜欢饮酒作诗，被称为"饮中八仙"之一。

举杯邀明月，对影成三人。

请李白来，
给我的爱妃写一首诗

李白喝醉了

高力士，
给我脱一下鞋！

云想衣裳花想容，

春风拂槛露华浓。

若非群玉山头见，

会向瑶台月下逢。

小行星110288

这是我的代表作。

李太白集

《望庐山瀑布》
《行路难》

李白是唐代伟大的浪漫主义诗人，乐府、歌行体和七绝成就最高，被后世誉为"诗仙"，与"诗圣"杜甫并称"李杜"。

《蜀道难》

《早发白帝城》

《将进酒》

名称：李白星
发现时间：2001 年 9 月 23 日
编号：110288

春望

国破山河在，城春草木深。

感时花溅泪，恨别鸟惊心。

烽火连三月，家书抵万金。

白头搔更短，浑欲不胜簪。

小朋友，你知道杜甫是谁吗？

小行星110289

杜甫星！

这颗是什么星？

小行星 110289 是一颗绕太阳运转的小行星，于 2001 年 9 月被发现，为纪念中国唐代大诗人杜甫，被命名为"杜甫星"。

嗨，大家好，我是杜甫（712—770），字子美，自称少陵野老。

我是唐代诗人，李白是浪漫主义诗人，我是现实主义诗人，我和他并称"李杜"。

我出生于巩县（今河南巩义），祖籍襄阳（今湖北襄樊市襄阳区）。我有约1500首诗歌被保留下来，大多收集在《杜工部集》中。

杜工部集

我也有豪气干云的一面哟！

唐朝天宝年间，安史之乱爆发，人民流离失所。杜甫为躲避战乱，辗转入蜀。他一生漂泊，忧国忧民，创作了《登高》《春望》《北征》以及"三吏""三别"等名作。

后世尊杜甫为
"诗圣"，

杜甫的诗为
"诗史"。

后世还称他为
　　杜拾遗、
　　杜工部、
　　杜少陵、
　　杜草堂……

他的诗对后世影响深远，
不亚于李白。

我怎么有这么多称号？

小行星110289

名称：杜甫星
发现时间：2001 年 9 月 23 日
编号：110289

沈括

这堆球的体积是多少呢？

用隙积术就可以计算出来！

这条弧线有多长？

不用担心，看我的会圆术！

小行星2027

58

沈括（1031—1095），字存中，号梦溪丈人，杭州钱塘（今浙江杭州）人，北宋科学家、政治家。出身于官宦家庭，从小勤奋好学，相传十四岁就读完了家里的藏书。

他少年时随父亲行游各地，见识广博。后来考中进士，当上了扬州司理参军。宋神宗时，参与熙宁变法，受王安石器重。

小朋友，你们好，我是沈括，你们知道什么是隙积术和会圆术吗？

晚年移居润州（今江苏镇江），隐居梦溪园，撰写《梦溪笔谈》。

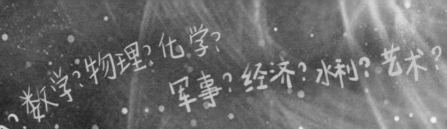

梦溪笔谈

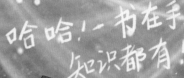

天文？地理？数学？物理？化学？

军事？经济？水利？艺术？

这部书讲什么？

沈括一生致力于科学研究，在众多学科领域都有很深的造诣和卓越的成就。

哈哈！一书在手，知识都有！

在数学方面，他发明了隙积术、会圆术。在物理方面，他研究磁学、光学、声学，记录了人工磁化的方法，研究了小孔成像、凹面镜成像、透光镜等原理，用纸人来放大琴弦上的共振，记录了应弦共振现象，比英国诺布尔和皮戈特的琴弦上纸游码试验早了500年。

在化学方面，沈括记录了湿法炼铜，即利用化学置换反应的方式提炼金属；第一次提出了"石油"这一科学命名，并利用石油制墨。

在天文方面，他取消了浑仪上不能正确显示月球公转轨迹的月道环，放大了窥管口径，使其更便于观测极星，提高了观测精度，还制造了测日影的圭表；并改革历法，提出了"十二气历"。

除此之外，他在地理、军事、经济、水利、艺术等方面，都有很高的成就，被誉为"中国整部科学史中最卓越的人物"。代表作《梦溪笔谈》，集前代科学成就之大成，被称为"中国科学史上的里程碑"。

1979 年 7 月 1 日，紫金山天文台将在 1964 年 11 月 9 日发现的小行星 2027 命名为"沈括星"。

影表

小行星 2027

名称：沈括星
发现时间：1964 年 11 月 9 日
编号：2027
命名时间：1979 年 7 月 1 日

苏轼

苏东坡是谁？

我叫苏轼（1037—1101），字子瞻，号东坡居士，大家都叫我苏东坡。

这就是我的星。

我是苏东坡，这颗是苏东坡星。

小行星145588

这颗小行星真像东坡肘子啊！

小行星 145588 发现于 2006 年 8 月 15 日，为纪念宋代文学家苏轼，以他的号命名。

你在考试分 我成仙了吗?

你成大家了!

你是文学家

你是书法家

你是画家

你是美食家

与「黄庭坚」组合→"苏黄"
我们的诗都比较夸张、清新！

与「辛弃疾」组合→"苏辛"
我们的词都很豪放！

与「欧阳修」组合→"欧苏"
我们的散文明白畅达！

看来，我真正的身份是——组合家！

与「韩愈」、「柳宗元」、「欧阳修」、「苏洵」、「苏辙」、「王安石」、「曾巩」组合→我们是"唐宋八大家"

与「黄庭坚」、「米芾」、「蔡襄」组合→写书法，我们是"宋四家"

我的诗文成就都很高哟！

《念奴娇·赤壁怀古》

《水调歌头》

《题西林壁》

《赤壁赋》

《寒食帖》

《李白仙诗卷》

《次辩才韵诗帖》

《东武帖》

《治平帖》

我的书法

执笔无定法，要使虚而宽！

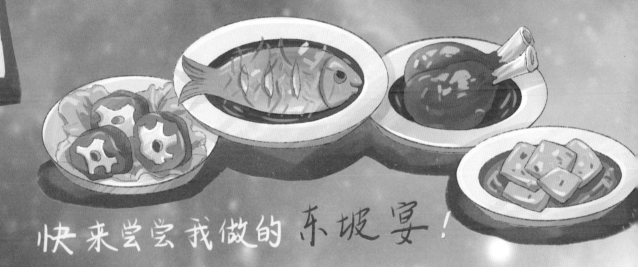

快来尝尝我做的东坡宴！

我还是文人画家！

现在，你知道我是谁了吧！

名称：苏东坡星
发现时间：2006年8月15日
编号：145588

郭守敬

我叫郭守敬。

郭守敬
到底是谁？

我叫郭守敬。

小行星
2012

我叫郭守敬。

LAMOST望远镜

你们用的都是我的名字啊！

老夫才是郭守敬，

郭守敬（1231—1316），字若思，顺德邢台（今属河北）人，元代天文学家、数学家、水利工程专家。他曾任太史令，世称"郭太史"。著有《推步》《立成》等天文历法著作。

这是我和许衡、王恂等
编制的《授时历》。

自至元十三年（1276年）
起，他与许衡、王恂等奉命
修订新历法，历时四年，编
制出《授时历》，它成为当
时世界上最先进的历法，沿
用360多年。

为修订历法，郭守敬还改制、发明
了简仪、高表等12种仪器。1970年，
国际天文学联合会将月球上的一座环形
山命名为"郭守敬环形山"。

高表

候极仪

1977 年，国际小行星中心公布小行星 2012 命名为"郭守敬小行星"。

中国科学院国家天文台也将国家重大科技基础设施 LAMOST 望远镜命名为"郭守敬望远镜"。

这些都是我发明或改进的天文仪器哟！

水运仪

玲珑仪

简仪

名称：郭守敬星
发现时间：1964 年 10 月 9 日
编号：2012
命名时间：1977 年

明安图

我是明安图！

嗨，大家好，

我来教你吧！
我解析了九个圆周率的公式。

割圆术

怎么求圆周率呢？

小行星 28242

我是明安图（约 1692—1765），字静庵，
我生活在清代，我是数学家、天文历法学家
和测绘学家，多学科的科学家哟！

好厉害呀！

71

我在钦天监参加过天文算法巨著
《律历渊源》的编纂工作。

这部书共有一百卷，
包括历法、数学和音律
三大部分。十年磨一剑，
终于完成了！

明安图在中国古代数学史上成就很高，他提出了九个基本方程，列出三角函数和反三角函数的幂级数表达式，计算出展开式的各项系数，为三角函数和反三角函数的解析研究开辟了新的途径。

小行星28242

2001 年 5 月，中国科学院和国际天文学联合会小天体提名委员会批准，将中国科学家发现的第 28242 号小行星正式命名为"明安图星"。

名称：明安图星

发现时间：1999 年 1 月 6 日

编号：28242

命名时间：2001 年 5 月

王贞仪

哎呀!不好啦!不好啦!天狗吃月亮啦!

天上要降灾难了!

月食并不可怕。

太阳 月球 地球

这就是月食成因!

王贞仪制作模型,用发光体代表太阳,圆桌代表地球,利用镜子模拟月球运动,解释月食的成因。

王贞仪（1768—1797），字德卿，生于江宁府上元县（今江苏南京），清代女科学家。她从小学骑射，通星象，精历算，还会诗文绘画，懂得医药病理，用科学来破除封建迷信。她作为女科学家亦被国外媒体广泛报道，其形象还屡屡被印在外国的明信片上。

1994 年，国际天文学联合会将金星上的一座环形山命名为"王贞仪环形山"，《自然》杂志将她选入"为科学发展奠定基础的女性科学家"。

A história da Astronomia na Perspectiva Feminina. *Wang Zhenyi* (王貞儀)

外国明信片

小朋友们好，我是王贞仪。

她还是当时世界上唯一一个从宇宙宏观与微观结合来理解"天圆地方"概念的人。她弄清楚了日食、月食的形成原理，并写下了《月食解》，配上了图，加上简单直白的文字，为中国普及科学知识做出了巨大的贡献。

王贞仪一生虽短暂，但她的成就却获得了同时代及后世天文学家的认可。她总结了中国古代数学成就和西方筹算法，写下了《勾股三角解》《历算简存》《筹算易知》《星象图释》等著作。

名称：王贞仪环形山

命名时间：1994 年

地址：金星

林则徐

林则徐 虎门销烟

木星

林则徐是谁？

林则徐（1785—1850），字元抚，又字少穆、石麟，福建侯官（今福州）人，清末政治家、思想家和诗人。

当时英、美等国商人向我国大量走私鸦片，给中华民族带来深重灾难。林则徐被任命为钦差大臣，到广州缉拿烟贩，并将收缴的鸦片于 1839 年 6 月在虎门海滩销毁。他因此被称为"民族英雄"。

啊呵！我变成星星啦！

小行星7145

水星

四轮枢机
磨盘炮车

林则徐查禁鸦片，进行坚决斗争，但对于西方的文化、科技等则持开放态度，主张学其优而用之，成为近代中国最早开眼看世界的人之一。

魏源，这卷书交给你了，你一定要编写出更好的著作！

他将主持编译的《四洲志》交给晚清的思想家、文学家魏源。魏源编成《海国图志》，介绍西方的历史地理和科学技术等，并提出"师夷长技以制夷"的主张。

他还长期主持治水，造福百姓。从北方的海河到南方的珠江，从东南的太湖流域到西北的伊犁河，他在哪儿上任，就在哪儿兴修水利工程。

『师夷长技以制夷』，我们要学习西方国家的『长技』，用来抵抗外国侵略者！

海國圖志

1996 年 6 月 7 日，北京天文台发现了一颗小行星，因林则徐禁毒和治水业绩，国际小天体命名委员会批准将这颗小行星命名为

"林则徐星"。

这颗星在火星与木星之间，沿椭圆形轨道以 4.11 年的周期绕太阳运行。

名称：林则徐星

发现时间：1996 年 6 月 7 日

编号：7145